目录

第一章　变压器参数检测与验证实验

实验一　单相变压器空载实验和短路实验

任务一　单相变压器空载实验和短路实验预习思考

班级：__________　姓名：__________　学号：__________　日期：__________

（1）单相变压器空载实验一般采用电流表内接法，为什么？实验时二次侧电压取值范围是多少？

（2）单相变压器短路实验一般采用电流表外接法，为什么？实验时二次侧电流取值范围是多少？

（3）变压器电压变比值理论上和变压器的什么结构有关，即其理想变比值只和什么有关？

（4）单相变压器空载实验时不小心将二次侧短路，可能会发生什么情况？

（5）单相变压器空载实验时为什么必须测出低压侧控制电压为额定工作电压时对应的空载电流和空载损耗？短路实验时为什么必须测出短路电流为额定工作电流时对应的短路电压和功率损耗？

任务二 单相变压器空载实验和短路实验原始数据记录

班级：__________ 姓名：__________ 学号：__________ 日期：__________

一、单相变压器空载实验数据

实验表 1-1-1 变压器变比及空载实验数据

序号		1	2	3	4	5	6	7
实验数据	U_{10}(V)							
	I_{10}(A)							
	P_0(W)							
	U_{20}(V)							
计算数据	$\cos\varphi_0$							

注 必须测出低压侧控制电压为额定工作电压对应的空载电流和空载损耗。

当 $U_{10}=U_{1N}=$____V 时，$I_{10}=$____A；$P_0=$____W；$U_{20}=$____V。

二、单相变压器短路实验数据

实验表 1-1-2 单相变压器短路试验数据

序号		1	2	3	4	5	6
实验数据	U_k(V)						
	I_k(A)						
	P_k(W)						
计算数据	$\cos\varphi_k$						

注 必须测出短路电流为额定电流时对应的短路电压和功率损耗。

当 $I_k=I_{2N}=$____A 时，$U_k=$____V；$P_k=$____W；室温为____℃。

任务三 单相变压器空载实验和短路实验报告

班级：__________ 姓名：__________ 学号：__________ 日期：__________

一、实验设备（实际使用具体设备）

二、实验目的

三、单相变压器空载实验电路图

四、单相变压器空载实验操作步骤及注意事项

五、单相变压器空载实验数据计算过程（部分计算结果填入实验表 1-1-1 中）

（1）变压器变比、功率因数

（2）空载电流百分值

（3）变压器空载损耗

（4）励磁参数（折算至高压侧）

六、单相变压器空载特性曲线

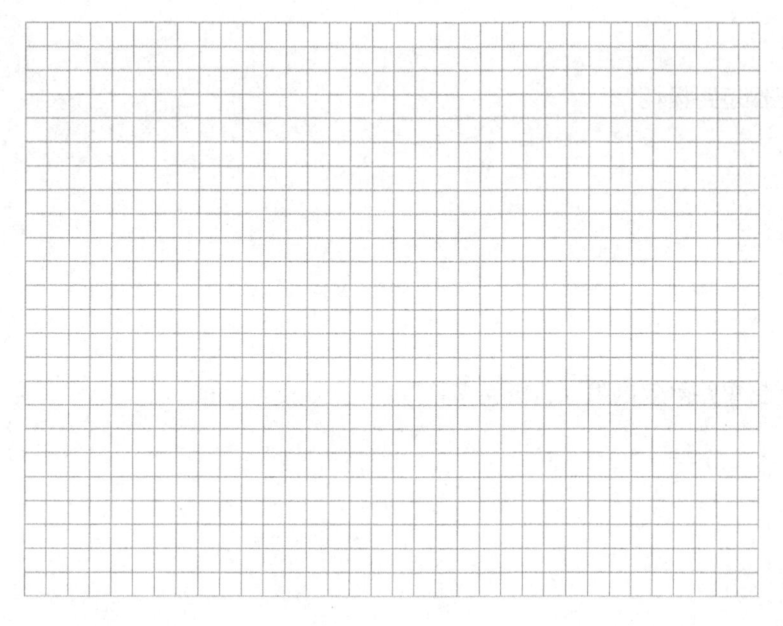

七、单相变压器短路实验电路图

八、单相变压器短路实验操作步骤及注意事项

九、单相变压器短路实验数据计算过程（部分计算结果填入实验表 1-1-2 中）

（1）短路电压百分值

（2）变压器短路损耗

（3）变压器短路等效电阻（折算至 75℃）

十、单相变压器短路特性曲线

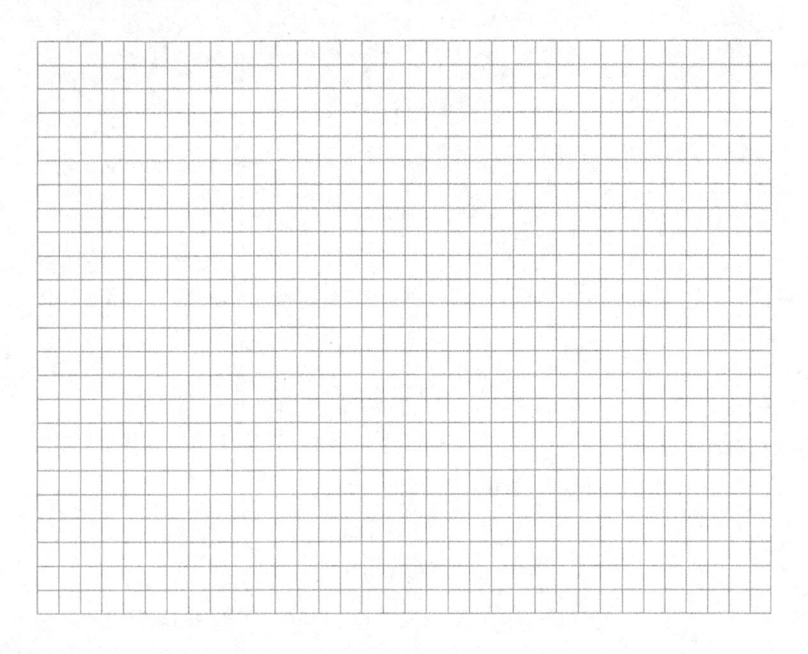

十一、变压器等效电路图

根据计算分析结果画出该变压器等效电路图。

十二、分析与思考（至少完成实验指导书中的问题讨论）

十三、实验总结

实验二　单相变压器负载特性实验

任务一　单相变压器负载特性实验预习思考

班级：__________　姓名：__________　学号：__________　日期：__________

（1）单相变压器接入电阻性负载后，其电路的功率因数和空载时的功率因数相比是提高了还是降低了，为什么？

（2）变压器二次侧的输出电压会随着负载电阻的增加是变化还是保持不变？如果有变化，说明怎么变化，为什么变化。

（3）变压器的输出效率为什么不能是100%？理论上来说，负载阻抗在什么情况下，电源的输出效率最高？思考变压器的最高输出效率会在什么情况下出现。

（4）为了避免在负载特性实验时发生负载侧短路，设计负载特性实验电路时可以增加哪些环节？

任务二　单相变压器负载特性实验原始数据记录

班级：__________　姓名：__________　学号：__________　日期：__________

一、纯电阻负载实验

实验表 1-2-1　　**单相变压器纯电阻负载实验数据**

$\cos\varphi_2=1$，$U_1=U_N=$___V

序号	1	2	3	4	5	6
I_2(mA)						
U_2(V)						
P_2(W)						

二、阻感性负载实验

实验表 1-2-2　　**单相变压器阻感性负载实验数据**

$\cos\varphi_2=0.8$，$U_2=U_N=$___V

序号	1	2	3	4	5	6
I_2(mA)						
U_2(V)						
P_2(W)						

三、计算表格

实验表 1-2-3　　**单相变压器输出功率与效率计算表格**

$\cos\varphi_2=0.8$，$P_0=$___W，$P_{kN}=$___W

序号	1	2	3	4	5	6
I_2^*						
P_2(W)						
η(%)						

任务三　单相变压器负载特性实验报告

班级：__________　　姓名：__________　　学号：__________　　日期：__________

一、实验设备（实际使用具体设备）

二、实验目的

三、单相变压器纯电阻负载特性实验电路图

四、单相变压器纯电阻负载特性实验操作步骤及注意事项

五、单相变压器纯电阻负载特性实验数据计算过程（部分计算结果填入实验表 1-2-3 中）

（1）绘出 $\cos\varphi_2=1$ 时负载特性曲线 $U_2=f(I_2)$，由特性曲线计算出 $I_2=I_{2N}$时的电压变化率。

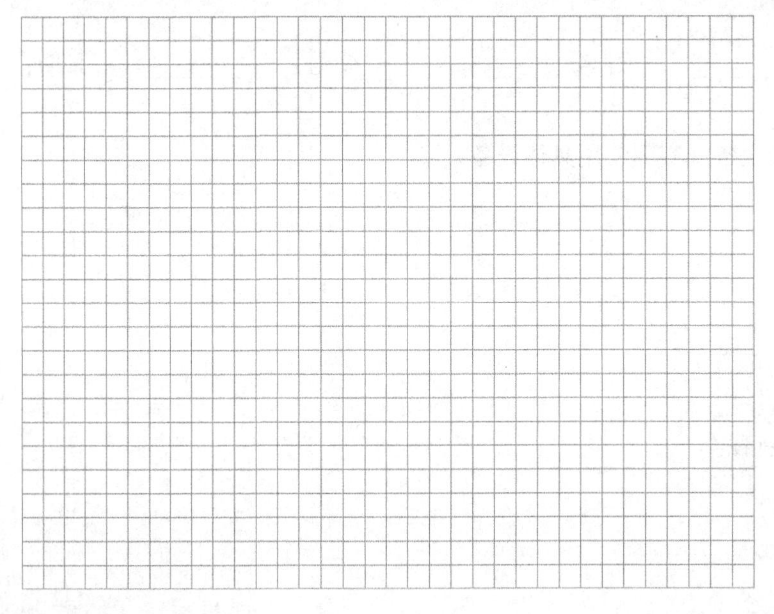

（2）根据实验数据求得的参数，计算出 $I_2=I_{2N}$、$\cos\varphi_2=1$ 时的电压变化率。

六、单相变压器阻感性负载特性实验电路图

七、单相变压器阻感性负载特性实验操作步骤及注意事项

八、单相变压器阻感性负载特性实验数据计算过程（部分计算结果填入实验表 1-2-3 中）

（1）绘出 $\cos\varphi_2=0.8$ 时的外特性曲线 $U_2=f(I_2)$，由特性曲线计算出 $I_2=I_{2N}$ 时的电压变化率。

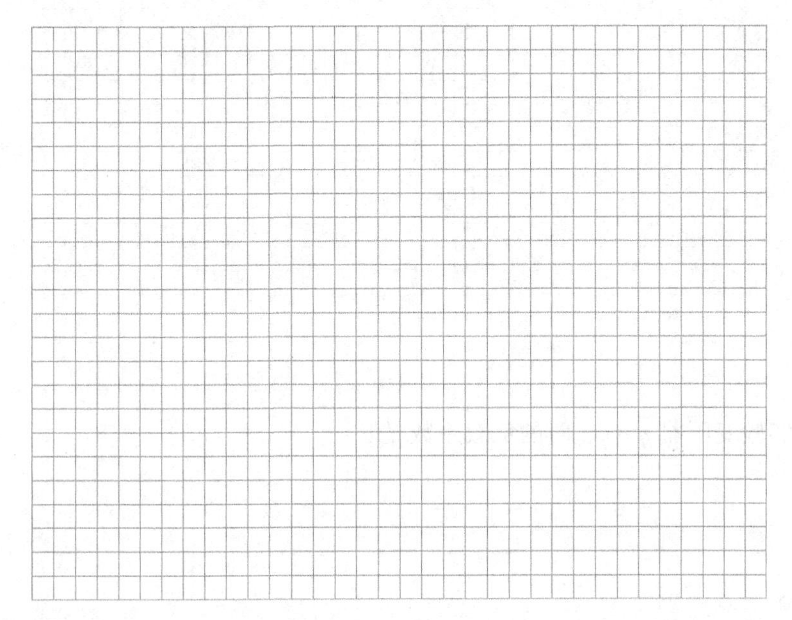

（2）根据实验数据求得的参数，计算出 $I_2=I_{2N}$、$\cos\varphi_2=0.8$ 时的电压变化率。

（3）绘制被试变压器的效率特性曲线。

1）用间接法计算出 $\cos\varphi_2=0.8$ 的情况下不同负载电流时的变压器效率，记录于实验表 1-2-3 中。

2）由计算数据绘出变压器的效率曲线 $\eta=f(I_2)$。

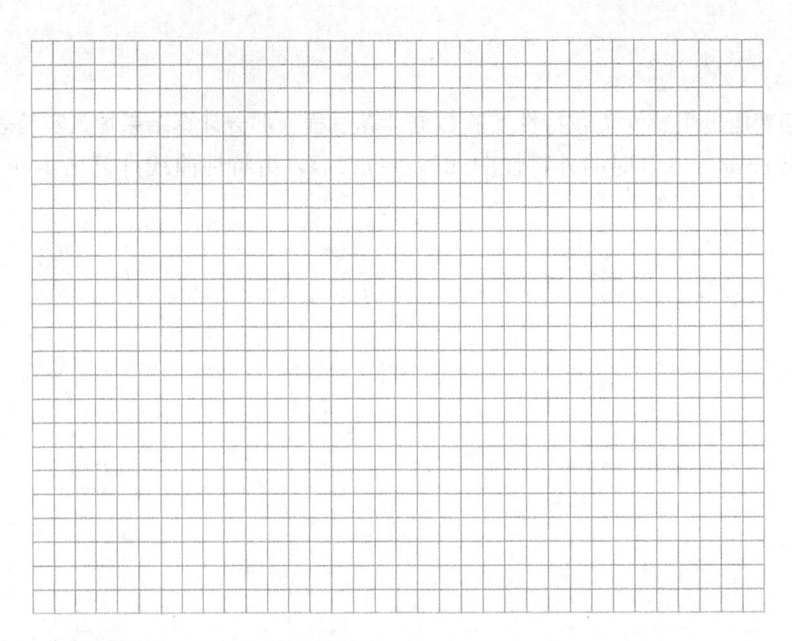

3）计算实验变压器 $\eta=\eta_{max}$时的负载系数 β_m。

九、分析与思考

（1）对比纯电阻负载和阻感性负载两种计算结果，并分析不同性质的负载对输出电压的影响。

（2）为什么每次实验都要强调将调压器恢复到起始零位时，方可合上或断开三相调压器电源开关?

十、实验总结

第二章 三相异步电动机参数检测与验证实验

实验一 三相异步电动机空载实验和短路实验

任务一 三相异步电动机空载实验和短路实验预习思考

班级：__________ 姓名：__________ 学号：__________ 日期：__________

（1）三相异步电动机空载、短路时分别有哪些损耗？如何实现三相异步电动机的“短路”？依据是什么？

（2）三相异步电动机的等效电路有哪些参数？它们的物理意义是什么？

（3）三相异步电动机空载实验时，如何处理可以减小仪表接入电路引起的误差？

（4）做短路实验时应该注意什么？

任务二 三相异步电动机空载实验和短路实验原始数据记录

班级：__________ 姓名：__________ 学号：__________ 日期：__________

一、冷态定子绕组阻值

实验表 2-1-1 **冷态定子绕组阻值**

阻值	绕组Ⅰ	绕组Ⅱ	绕组Ⅲ
$r(\Omega)$			

二、空载实验电机定子绕组测量与计算数据

实验表 2-1-2 **空载实验数据**

序号	U(V)			计算	I(mA)			计算	P(W)		计算	$\cos\varphi_0$
	U_{AB}	U_{BC}	U_{CA}	U_{0L}	I_A	I_B	I_C	I_{0L}	P_1	P_{11}	P_0	$\cos\varphi_0$
1	260											
2	240											
3	230											
4	220											
5	210											
6	150											
7	100											

表中：$U_{0L}=(U_{AB}+U_{BC}+U_{CA})/3$；$I_{0L}=(I_A+I_B+I_C)/3$；$P_0=P_1\pm P_{11}\cos\varphi_0=\dfrac{P_0}{\sqrt{3}U_{0L}I_{0L}}$。

当$U_{AB}=U_N=$____V时，$U_{BC}=$____V，$U_{CA}=$____V，$I_A=$____A，$I_B=$____A，$I_C=$____A，$P_1=$____W，$P_{11}=$____W。

三、短路实验电机定子绕组测量与计算数据

实验表 2-1-3 **短路实验数据**

序号	U(V)			计算	I(mA)			计算	P(W)		计算	$\cos\varphi$
	U_{AB}	U_{BC}	U_{CA}	U_{kL}	I_A	I_B	I_C	I_{kL}	P_1	P_{11}	P_k	$\cos\varphi_k$
1					580							
2					480							
3					400							
4					300							
5					140							

表中：$U_{kL}=\dfrac{1}{3}(U_{AB}+U_{BC}+U_{CA})$；$I_{kL}=\dfrac{1}{3}(I_A+I_B+I_C)$；$P_k=P_1+P_{11}$；$\cos\varphi_k=\dfrac{P_k}{\sqrt{3}I_{kL}U_{kL}}$。

当$I_A=I_N=$____A时，$I_B=$____A，$I_C=$____A，$U_{AB}=$____V，$U_{BC}=$____V，$U_{CA}=$____V，$P_1=$____W，$P_{11}=$____W。

任务三 三相异步电动机空载和短路实验报告

班级：__________ 姓名：__________ 学号：__________ 日期：__________

一、实验设备（实际使用具体设备）

二、实验目的

三、三相异步电动机空载实验电路图

四、三相异步电动机空载实验操作步骤及注意事项

五、三相异步电动机定子绕组冷态直流电阻实验数据计算

计算基准工作温度时的相电阻。

六、三相异步电动机空载实验数据计算过程（部分计算结果填入实验表 2 - 1 - 2 中）

（1）绘制电动机 $P_0'=f(U_0^2)$ 的关系曲线，获得电动机铁损耗。其中 $P_0'=P_0-I_0^2r_1$，r_1 为测得三相定子绕组电阻取平均值，见实验表 2 - 1 - 1。

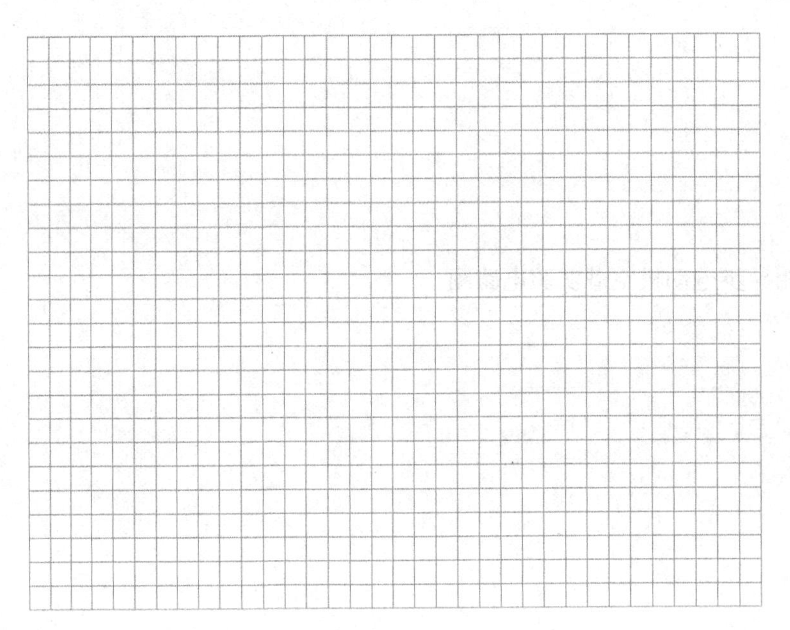

（2）由空载实验数据求励磁回路数据：

空载阻抗

空载电阻

励磁电抗

励磁电阻

七、三相异步电动机空载特性曲线［$I_0=f(U_0)$，$P_0=f(U_0)$，$\cos\varphi_0=f(U_0)$］

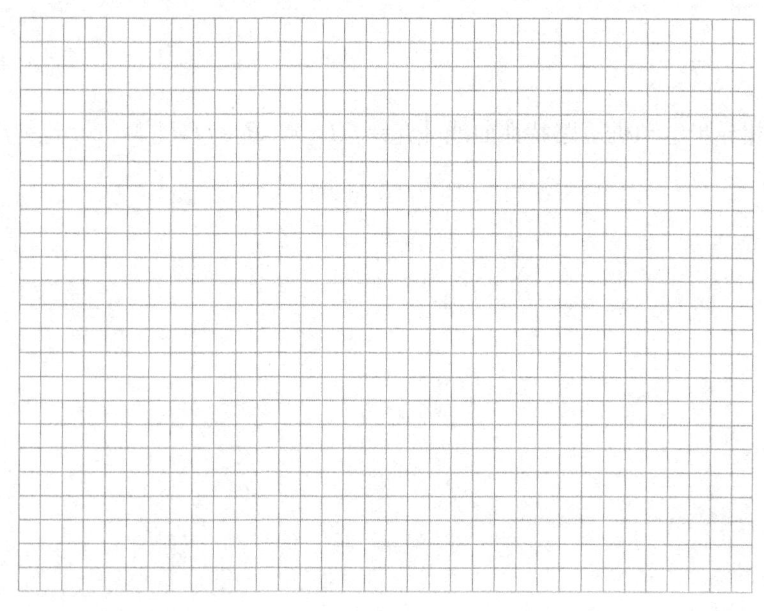

八、三相异步电动机短路实验电路图

九、三相异步电动机短路实验操作步骤及注意事项

十、三相异步电动机短路实验数据计算过程（部分计算结果填入实验表2-1-3中）
由短路实验数据求出短路参数：
短路阻抗

短路电阻

短路电流

十一、三相异步电动机短路特性曲线［$I_k=f(U_k)$，$P_k=f(U_k)$，$\cos\varphi_k=f(U_k)$］

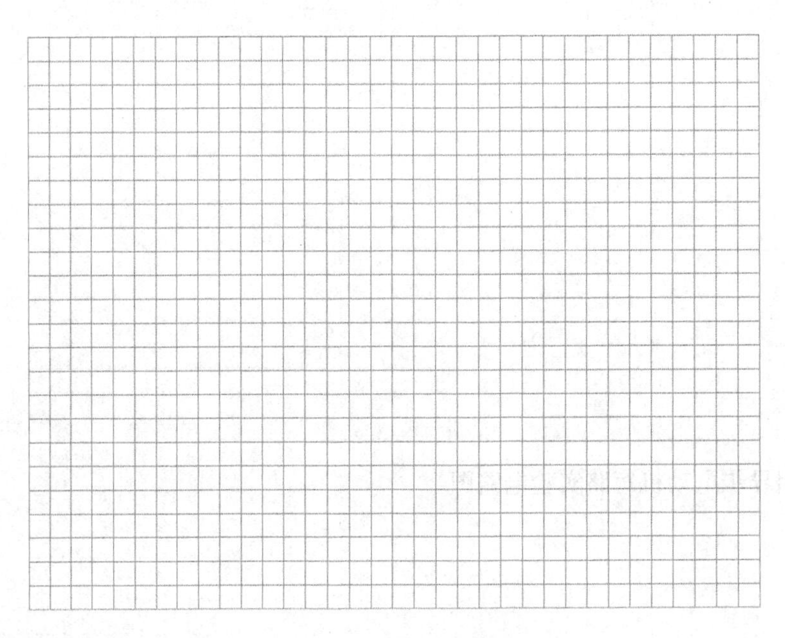

十二、分析与思考

(1) 由空载、短路实验数据求取异步电动机的等效电路参数时，有哪些因素会引起误差？

(2) 由短路实验可以得出哪些结论？

十三、实验总结

实验二　三相异步电动机工作特性和机械特性的测定

任务一　三相异步电动机工作特性和机械特性的测定预习思考

班级：__________　　姓名：__________　　学号：__________　　日期：__________

（1）三相异步电动机的工作特性是指哪些特性？

（2）三相异步电动机电磁转矩大小与什么值有关？电动机稳定运行时，电磁转矩和负载转矩是什么关系？

（3）如何改变异步电动机转速方向？从实现的方法和电磁感应的原理来叙述其转速方向的改变。

（4）为什么要空载启动电动机，能否直接满载启动？

任务二　三相异步电动机工作特性和机械特性实验原始数据记录

班级：__________　姓名：__________　学号：__________　日期：__________

一、三相异步电动机的工作特性实验数据

实验表 2-2-1　　三相异步电动机工作特性实验数据

序号	异步电动机输入							M_2 (N·m)	n (r/min)	P_2(W)
	I(mA)			计算	P(W)		计算			
	I_A	I_B	I_C	I_1	P_1	P_{11}	P_1			
1	600									
2	550									
3	480									
4	450									
5	400									
6	300									
7	230									

当$I_A=I_N=$___A时，$I_B=$___A，$I_C=$___A，$P_1=$___W，$P_{11}=$___W，$M_2=$___MN·m，$n=$___r/min，$P_2=$___W。

二、工作特性实验计算数据

实验表 2-2-2　　三相异步电动机工作特性实验计算数据

$U_1=220V$，$I_1=$___A，$P_1=$___W

序号	电动机输入		电动机输出		计算值			
	I_1(A)	P_1(W)	M_2(N·m)	n(r/min)	P_2(W)	s	η(%)	$\cos\varphi$
1								
2								
3								
4								
5								
6								

三、三相异步电动机机械特性实验

实验表 2-2-3　　三相异步电动机机械特性实验数据

序号	1	2	3	4	5	6	7	8
U_1(V)								
I_A(A)								
n(r/min)								
P(W)								
P_{I}(W)								
P_{II}(W)								
U_a(V)								
I_a(A)								

当$U_1=220$V时，$I_A=$____A，$n=$____r/min，$P=$____W，$P_{\mathrm{I}}=$____W，$P_{\mathrm{II}}=$____W，$U_a=$____V，$I_a=$____A。

任务三　三相异步电动机工作特性和机械特性的测定实验报告

班级：__________　　姓名：__________　　学号：__________　　日期：__________

一、实验设备（实际使用具体设备）

二、实验目的

三、三相异步电动机工作特性实验电路图

四、三相异步电动机工作特性实验操作步骤及注意事项

五、三相异步电动机工作特性实验数据计算过程（部分计算结果填入实验表 2-2-1、实验表 2-2-2）

（1）由负载试验数据计算工作特性。

相电流 I_1

电动机输入功率 P_1

转差率 s

功率因数 $\cos\varphi$

电动机输出功率 P_2

效率 η

（2）由损耗分析法求额定负载时的效率。

铁耗 p_{Fe}

机械损耗 p_{mec}

转子铜耗 p_{Cu2}

定子铜耗 p_{Cu1}

电动机的总损耗

额定电压负载的效率

六、三相异步电动机工作特性曲线 [$P_1=f(P_2)$，$I_1=f(P_2)$，$n=f(P_2)$，$\eta=f(P_2)$，$s=f(P_2)$，$\cos\varphi_1=f(P_2)$]

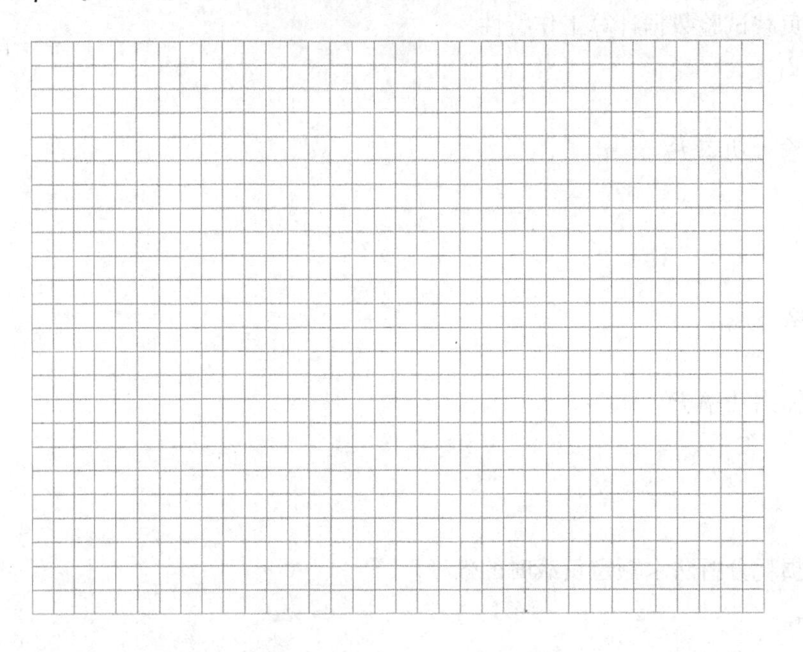

七、三相异步电动机机械特性实验电路图

八、三相异步电动机机械特性实验操作步骤及注意事项

九、三相异步电动机机械特性曲线

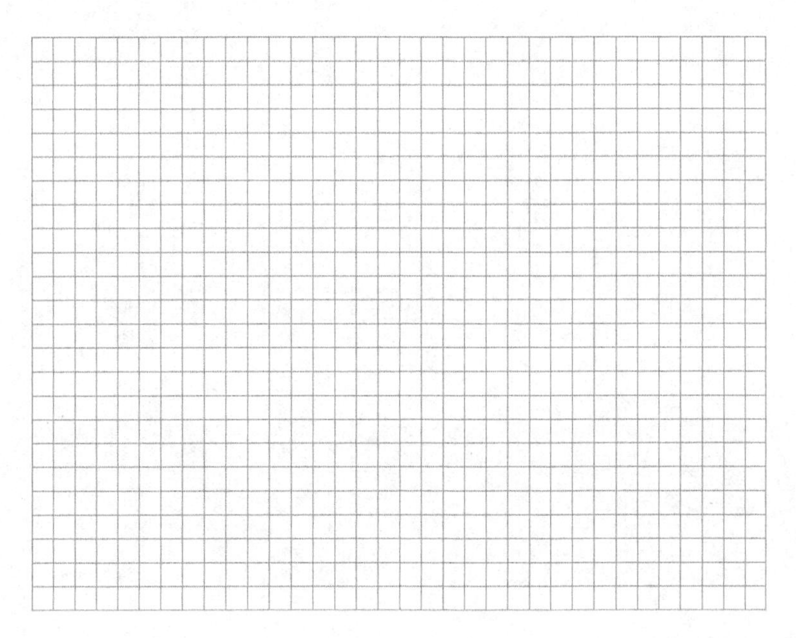

十、分析与思考

（1）由直接负载法测得的电动机效率和用损耗分析法求得的电动机效率各有哪些因素会引起误差？

（2）三相异步电动机空载实验时，为什么电压降得太低没有意义？

十一、实验总结

第三章　直流电机参数检测与验证实验

实验一　直流发电机特性测定

任务一　直流发电机特性测定预习思考

班级：__________　　姓名：__________　　学号：__________　　日期：__________

（1）并励发电机不能建立电压有哪些原因？

（2）发电机—电动机组成的机组中，当发电机负载增加时，为什么转速会变低？

（3）什么是发电机的运行特性？在求取直流发电机的特性曲线时，哪些物理量应保持不变？哪些物理量应测取？

（4）做空载特性实验时，励磁电流为什么必须保持单方向调节？

（5）并励发电机的自励条件有哪些？当发电机不自励时应如何处理？

（6）如何确定复励发电机是积复励还是差复励？

任务二　直流发电机特性测定原始数据记录

班级：________　姓名：________　学号：________　日期：________

一、直流他励发电机空载特性

实验表 3-1-1　　直流他励发电机空载特性实验数据

$n=n_N=$____r/min

序号	1	2	3	4	5	6	7	8
U_0(V)								
I_f(mA)								

二、直流他励发电机外特性

实验表 3-1-2　　直流他励发电机外特性实验数据

$n=n_N=$____r/min，$I_f=I_{fN}=$____A

序号	1	2	3	4	5	6	7	8
U(V)								
I(mA)								

三、直流他励发电机调整特性

实验表 3-1-3　　直流他励发电机调整特性实验数据

$n=n_N=$____r/min，$U_f=U_N=$____V

序号	1	2	3	4	5	6	7	8
I(mA)								
I_f(mA)								

四、直流并励发电机外特性

实验表 3-1-4　　直流并励发电机外特性实验数据

$n=n_N=$____r/min，$R_f=$常值

序号	1	2	3	4	5	6	7	8
U(V)								
I(mA)								

任务三　直流发电机特性测定实验报告

班级：__________　姓名：__________　学号：__________　日期：__________

一、实验设备（实际使用具体设备）

二、实验目的

三、直流他励发电机实验电路图

四、直流他励发电机实验操作步骤及注意事项

五、直流并励发电机实验电路图

六、直流并励发电机实验操作步骤及注意事项

七、特性曲线

（1）根据直流他励发电机空载实验数据，绘出直流他励发电机空载特性曲线，由空载特性曲线计算出被试直流发电机饱和系数和剩磁电压百分数。

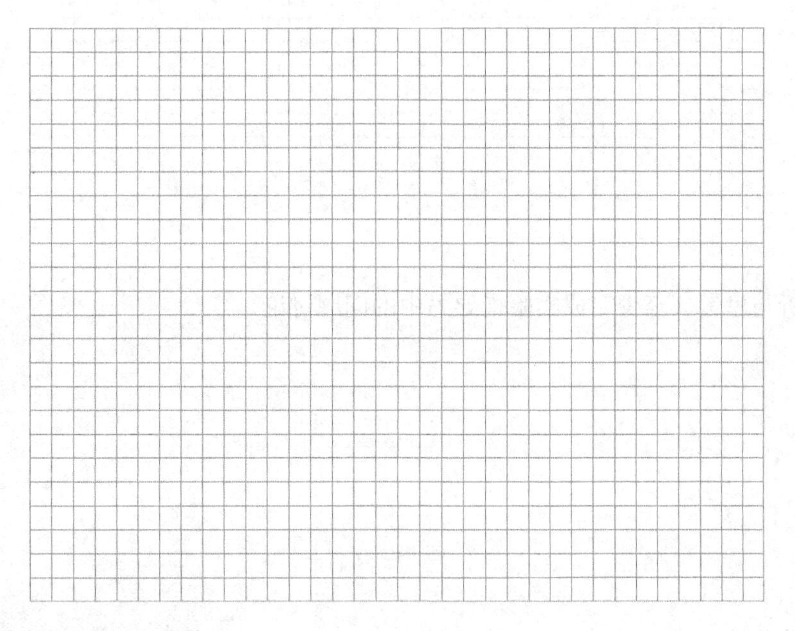

直流他励发电机饱和系数：

剩磁电压百分数：

(2) 在同一张纸上绘出直流他励、并励发电机的特性曲线（转速特性、效率特性、转矩特性），分别计算出两种励磁方式的电压变化率 $\Delta u\%$，并分析它们之间存在的差别。

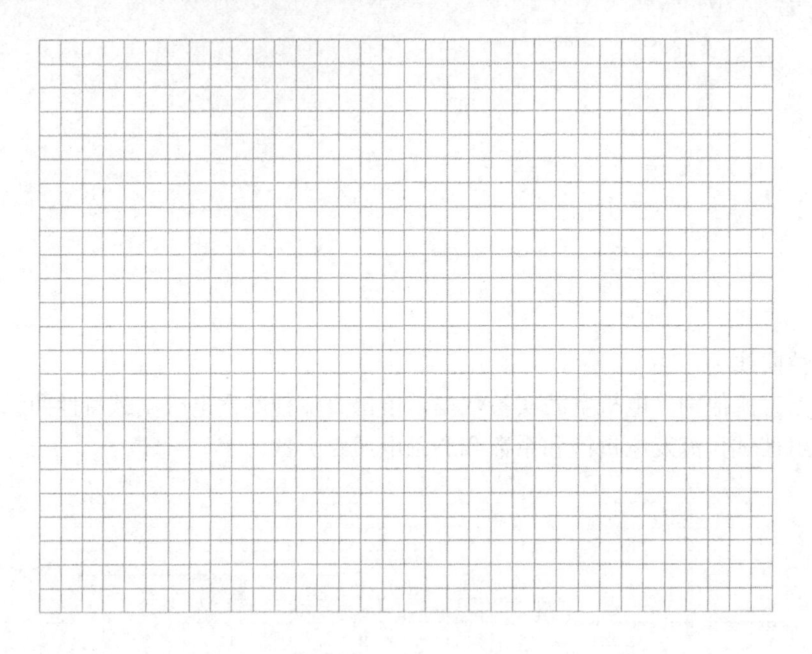

八、分析与思考（至少完成实验指导书中的问题讨论）

九、实验总结

实验二　直流他励电动机特性测定

任务一　直流他励电动机特性测定预习思考

班级：__________　姓名：__________　学号：__________　日期：__________

（1）直流他励电动机的空载损耗 p_0 取决于哪些因素？为什么在本实验中可近似认为 p_0 不变？

（2）为什么直流他励电动机的转矩特性 $M=f(I)$ 是一条直线？此直线通过坐标原点吗？为什么？

（3）为什么当直流他励电动机的电枢电流太大时，效率反而降低了？

（4）为什么当负载转矩基本不变时，增大电枢回路电阻 R_a 或降低电源电压 U 会使直流他励电动机的转速降低？而减小励磁电流时能使转速上升？如何从物理概念上来理解？

任务二　直流他励电动机特性测定原始数据记录

班级：__________　　姓名：__________　　学号：__________　　日期：__________

一、直流他励电动机工作特性

实验表 3-2-1　　直流他励电动机工作特性实验数据

U_N=___V，I_{fN}=___A

序号	1	2	3	4	5	6	7
I_a(mA)							
n(r/min)							

注　从额定值到空载值区间测取电枢电流值及对应的电动机转速，测量的各点在曲线上应大致分布均匀。

二、工作特性的各点计算值

实验表 3-2-2　　工作特性计算数据

U_N=___V，$R_{a75℃}$=___Ω

计算参数	电枢电流 I_a(A)	转速 n(r/min)	输入功率 P_1(W)	电枢损耗 p_{Cua}(W)	电磁功率 P_M(W)	电磁转矩 M(N·m)	输出功率 P_2(W)	效率 η(%)
计算公式 / 被测各点								
1								
2								
3								
4								
5								
6								

*三、直流他励电动机调速实验

实验表 3-2-3　　直流他励电动机改变电枢回路电阻调速实验数据

序号	1	2	3	4	5
R_2(Ω)					
n(r/min)					

实验表 3-2-4　　直流他励电动机改变电压调速实验数据

序号	1	2	3	4	5
U(V)					
n(r/min)					

实验表 3-2-5　　直流他励电动机改变励磁电流调速实验数据

序号	1	2	3	4	5
I_f(mA)					
n(r/min)					

任务三 直流他励电动机特性测定实验报告

班级：__________ 姓名：__________ 学号：__________ 日期：__________

一、实验设备（实际使用具体设备）

二、实验目的

三、直流他励电动机工作特性实验电路图

四、直流他励电动机工作特性实验操作步骤及注意事项

五、直流他励电动机调速操作步骤及注意事项

六、直流他励电动机特性曲线［转速特性 $n=f(I_a)$，转矩特性 $M=f(I_a)$，效率特性 $\eta=f(I_a)$］

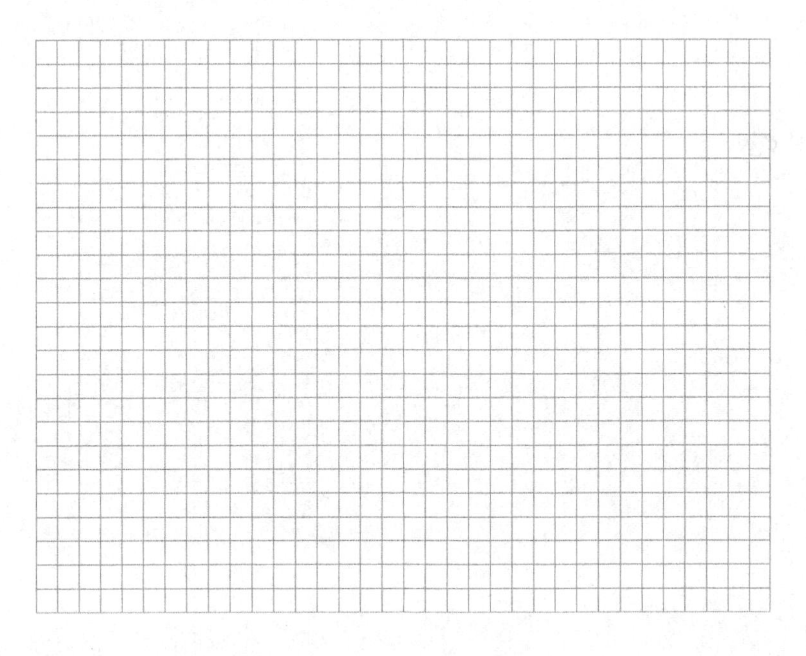

七、分析与思考（至少完成实验指导书中的问题讨论）

八、实验总结

实验三　直流并励电动机特性测定

任务一　直流并励电动机特性测定预习思考

班级：__________　　姓名：__________　　学号：__________　　日期：__________

（1）当直流并励电动机的负载转矩和励磁电流不变时，降低电枢端压，为什么会引起直流并励电动机转速降低？

（2）当直流并励电动机的负载转矩和电枢端电压不变时，减小励磁电流会引起转速的升高，为什么？

（3）直流并励电动机在负载运行中，当磁场回路断线时是否一定会出现“飞速”？为什么？

任务二 直流并励电动机特性测试原始数据记录

班级：________ 姓名：________ 学号：________ 日期：________

一、直流并励电动机工作特性

实验表 3-3-1　　直流并励电动机工作特性实验

$U=U_N=$___V，$I_f=I_{fN}=$___mA，$R_a=$___Ω

序号		1	2	3	4	5	6	7
实验数据	I(mA)							
	n(r/min)							
	T(N·m)							
计算数据	I_a(mA)							
	P_2(W)							
	η(%)							

注　表中 R_a 对应于环境温度 0℃时直流并励电动机电枢回路的总电阻，可由实验室给出。

二、直流并励电动机调速实验

实验表 3-3-2　　直流并励电动机改变电枢回路电阻调速数据记录表

$I_f=I_{fN}=$___mA，$M_2=$___N·m

序号	1	2	3	4	5	6	7	8
U_a(V)								
n(r/min)								
I(mA)								
I_a(mA)								

实验表 3-3-3　　直流并励电动机改变电源电压的调速数据记录表

$U=U_N=$___V

序号	1	2	3	4	5	6	7	8
U(V)								
n(r/min)								
I(mA)								

实验表 3-3-4　　直流并励电动机改变励磁电流的调速数据记录表

$U=U_N=$___V，$M_2=$___N·m

序号	1	2	3	4	5	6	7	8
n(r/min)								
I_f(mA)								
I(mA)								
I_a(mA)								

任务三 直流并励电动机特性测试实验报告

班级：__________ 姓名：__________ 学号：__________ 日期：__________

一、实验设备（实际使用具体设备）

二、实验目的

三、直流并励电动机工作特性实验电路图

四、计算

（1）直流并励电动机输出功率（$P_2=0.105M_2n$）

（2）直流并励电动机输入功率（$P_1=UI$）

(3) 直流并励电动机效率$\left(\eta=\frac{P_2}{P_1}\right)$

(4) 直流并励电动机电枢电流 ($I_a=I-I_f$)

(5) 电枢损耗 ($p_{Cua}=R_{a75℃}I_a^2$)

(6) 电动机的电磁转矩$\left(M=\frac{P_M}{\Omega}=\frac{P_1-p_{Cua}}{2\pi n}60\right)$

五、直流并励电动机工作特性实验操作步骤及注意事项

六、直流并励电动机调速操作步骤及注意事项

七、直流并励电动机特性曲线［转速特性 $n=f(I_a)$，转矩特性 $M=f(I_a)$，效率特性 $\eta=f(I_a)$］

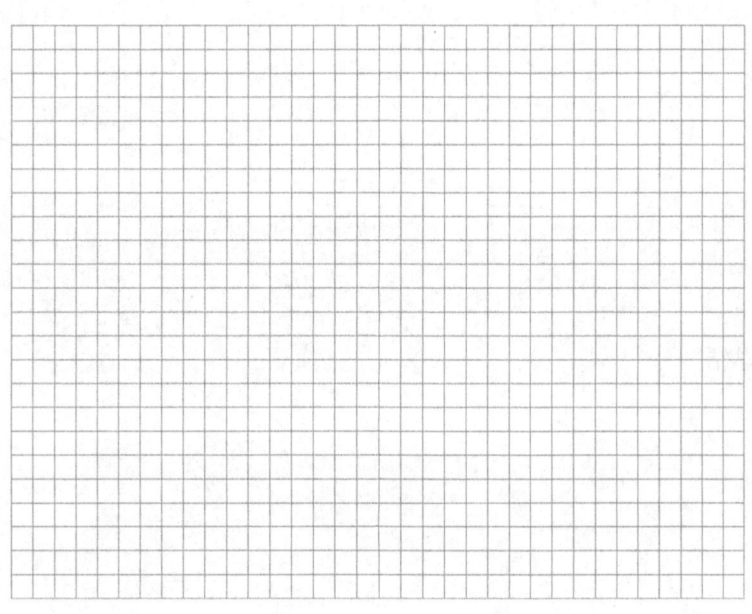

八、分析与思考

（1）分析直流并励电动机在恒转矩负载时改变电源电压调速和改变励磁电流调速的电枢电流变化规律以及两种调速方法的优缺点。

（2）直流并励电动机的转速特性 $n=f(I_a)$ 为什么是略微下降？是否会出现上翘现象？为什么？上翘的转速特性对直流并励电动机运行有何影响？

九、实验总结

实验四　直流串励电动机特性测定

任务一　直流串励电动机特性测定预习思考

班级：__________　　姓名：__________　　学号：__________　　日期：__________

（1）直流串励电动机与并励电动机的工作特性有何差别？串励电动机的转速变化率是怎样定义的？

（2）简要说明直流串励电动机的调速方法及其注意问题。

任务二 直流串励电动机特性测定原始数据记录

班级：__________ 姓名：__________ 学号：__________ 日期：__________

一、直流串励电动机工作特性和机械特性

实验表 3-4-1　　直流串励电动机工作特性和机械特性实验数据

U_N=____V

序号		1	2	3	4	5	6	7
实验数据	I							
	n(r/min)							
	M_2(N·m)							
计算值	P_2(W)							
	η(%)							

注　测量的各点在曲线上应大致分布均匀。

二、直流串励电动机电枢串联电阻后的人为机械特性实验

实验表 3-4-2　　直流串励电动机电枢串联电阻后的人为机械特性实验数据

U_N=____V

序号	1	2	3	4	5	6
U_a(V)						
I(A)						
n(r/min)						
M_2(N·m)						

* 三、直流串励电动机调速实验

实验表 3-4-3　　直流串励电动机改变电枢回路电阻调速实验数据

U_N=____V，M_2=____N·m

序号	1	2	3	4	5	6
U_a(V)						
I(A)						
n(r/min)						

* 四、励磁绕组并联电阻调速实验

实验表 3-4-4　　直流串励电动机励磁绕组并联电阻调速实验数据

U_N=____V，M_2=____N·m

序号	1	2	3	4	5	6
U_a(V)						
I(A)						
n(r/min)						

任务三 直流串励电动机特性测定实验报告

班级：__________ 姓名：__________ 学号：__________ 日期：__________

一、实验设备（实际使用具体设备）

二、实验目的

三、直流串励电动机工作特性实验电路图

四、直流串励电动机工作特性实验操作步骤及注意事项

五、直流串励电动机调速实验操作步骤及注意事项

六、特性曲线

（1）绘出直流串励电动机的转速特性 $n=f(I_a)$，转矩特性 $M=f(I_a)$，效率特性 $\eta=f(I_a)$。

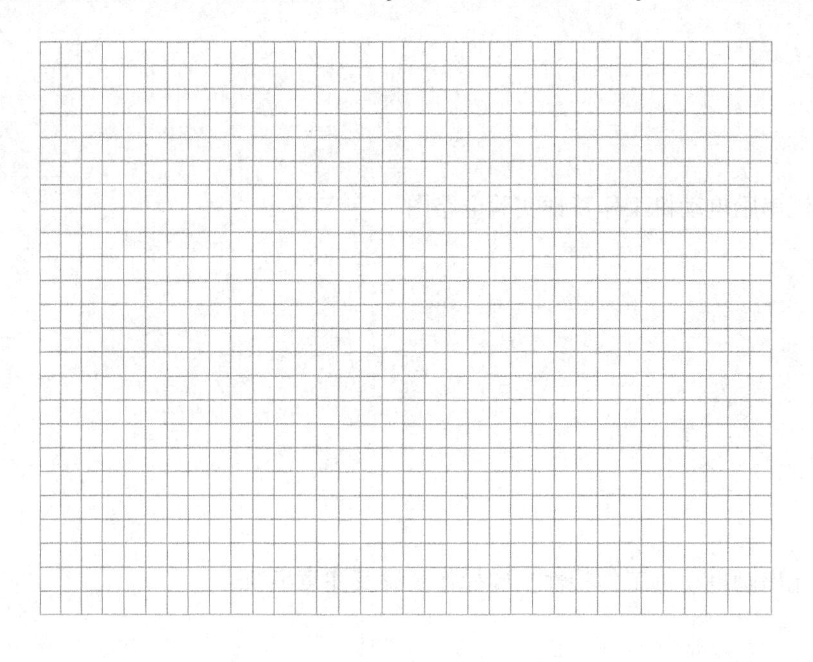

（2）在同一张坐标纸上绘出直流串励电动机的机械特性和人为机械特性。

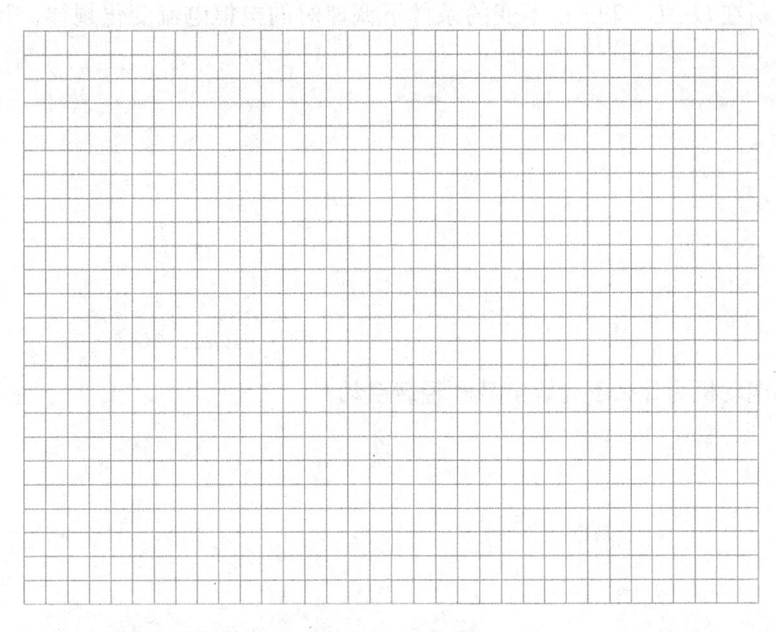

（3）绘出串励电动机恒转矩两种调速的特性曲线。

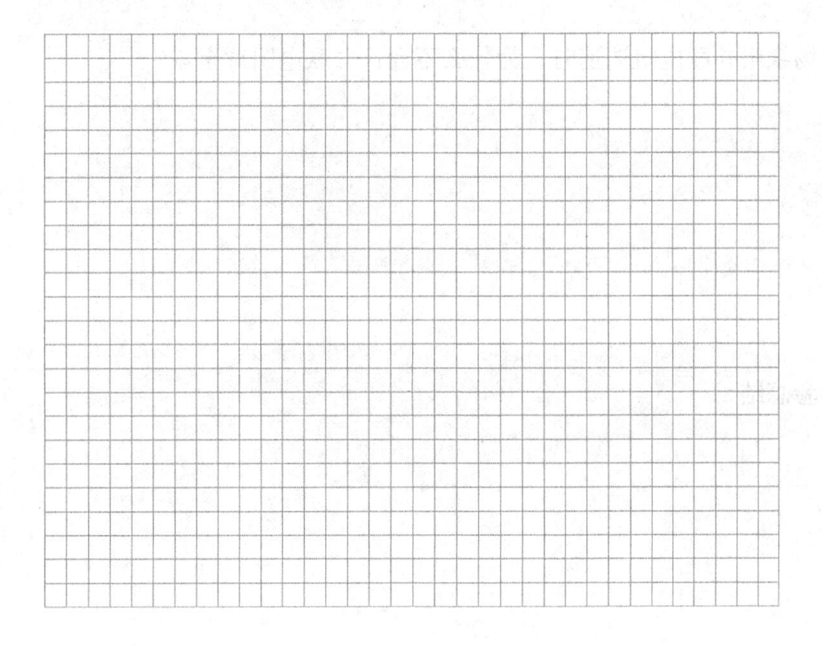

七、分析与思考

（1）试分析在$U=U_N$和M_2不变的条件下调速时的电枢电流变化规律。比较两种调速方法的优缺点。

（2）串励电动机为什么不允许空载和轻载启动？

（3）磁场绕组并联电阻调速时，为什么不允许并联电阻调至零？

八、实验总结

第四章　电动机控制综合实验

实验一　三相异步电动机点动和长动控制实验（继电器—接触器）

任务一　三相异步电动机点动和长动控制实验预习思考

班级：__________　姓名：__________　学号：__________　日期：__________

（1）什么是自锁触头，在控制电路中的作用是什么？

（2）在控制电路中熔断器起到什么保护作用？热继电器又起到什么保护作用？两者能互换吗？为什么？

（3）交流接触器的工作原理是什么？它是控制电器又是保护电器，那么在控制电路中交流接触器的保护作用是什么？

（4）热继电器的工作原理是什么？它的图形符号是什么？

（5）三相异步电动机的点动和长动控制电路的工作原理分别是什么？

任务二　三相异步电动机点动和长动控制电路的实验报告

班级：__________　姓名：__________　学号：__________　日期：__________

一、实验设备（实际使用具体设备）

二、实验目的

三、三相异步电动机的点动控制实验电路图

四、三相异步电动机的点动控制实验操作步骤及注意事项

五、三相异步电动机的点动控制电路的工作原理

六、三相异步电动机点动控制拓展实验

连接三相异步电动机点动控制电路中启动按钮的指示灯，要求电动机启动时启动按钮的指示灯长亮并绘出实验电路图。

七、三相异步电动机的长动控制实验电路图

八、三相异步电动机的长动控制实验操作步骤及注意事项

九、三相异步电动机的长动控制电路的工作原理

十、三相异步电动机长动控制拓展实验

连接三相异步电动机长动控制电路中启动按钮和停止按钮的指示灯，要求三相异步电动机启动运行时启动按钮的指示灯长亮，当电动机停止运转时，停止按停止按钮的指示灯长亮，并绘出实验电路图。

十一、分析与思考

（1）按指导书图 4-1-2 接好线后，按下按钮启动，松开后却不能保持，原因是什么？从哪里检查？

（2）指导书图 4-1-2 中没有过载保护，若是需要添加过载保护，怎么添加？画出接线图。

十二、实验总结

实验二　三相异步电动机正反转控制实验（继电器—接触器）

任务一　三相异步电动机正反转控制实验预习思考

班级：__________　　姓名：__________　　学号：__________　　日期：__________

（1）什么是互锁触头，在控制电路中的作用是什么？能否不接？

（2）三相异步电动机的正反转控制电路有几种互锁方式？分别是什么？

（3）假如正转和反转为同一方向，请问错误在什么地方？该如何解决？

（4）三相异步电动机的正反转控制实验电路的工作原理是什么？

任务二　三相异步电动机正反转控制实验报告

班级：__________　　姓名：__________　　学号：__________　　日期：__________

一、实验设备（实际使用具体设备）

二、实验目的

三、三相异步电动机的正反转控制实验电路图

四、三相异步电动机的正反转控制实验操作步骤及注意事项

五、三相异步电动机的正反转控制实验电路的工作原理

六、分析与思考

连接正转启动、反转启动按钮指示灯和停止按钮指示灯，要求三相异步电动机正转时正转启动按钮指示灯长亮，反转时反转按钮指示灯长亮，停止时停止按钮指示灯长亮，并绘出实验电路图。

七、实验总结

活 页 教 材

实验三　基于 PLC 的三相异步电动机的小车自动往返控制实验

任务一　基于 PLC 的三相异步电动机的小车自动往返控制实验预习思考

班级：__________　　姓名：__________　　学号：__________　　日期：__________

（1）小车自动往返若由三相异步电动机正反转实现，至少需要几个交流接触器？改造成 PLC 控制电路，需要什么输出类型的 PLC？

（2）小车自动往返用位置开关实现，位置开关是如何动作的？

（3）编写程序时，程序中采用了软件互锁，硬件还需要互锁吗？为什么？

（4）若在程序监控时，输出软元件已经得电，但是对应的交流接触器却没有动作，会是什么原因？如何检查？

（5）PLC 的输入、输出端上面有一排灯，作用是什么？

任务二　基于 PLC 的三相异步电动机的小车自动往返控制实验报告

班级：__________　姓名：__________　学号：__________　日期：__________

一、实验设备（实际使用具体设备，标明型号）

二、实验目的

三、PLC 输入/输出端口分配表

四、基于 PLC 的三相异步电动机控制小车自动往返控制实验电路图（包括主电路、PLC 控制电路）

五、控制程序

（1）画出（或打印）电动机正反转 PLC 梯形图程序（输入/输出地址同小车自动往返控制电路），说明程序的工作过程。

（2）画出（或打印）实现小车的自动往返 PLC 梯形图程序（或 SFC 顺序控制程序），说明程序的工作过程。

六、实验中出现的问题与解决方案

七、分析与思考

（1）模拟仿真时能进行程序下载吗？模拟仿真时可以在线监控实际的输出继电器的动作吗？为什么？

（2）下载程序之前需要检查哪些项目，一旦数据连接失败，说明解决的步骤。

（3）在线监控时，发现程序运行正常，但是继电器不动，试分析原因。

（4）试说明控制系统中各元器件的选型。

八、拓展实验

（1）本系统只有一个停止按钮，按下停止按钮后，小车到左限位位置点才停下来，试增加一个急停按钮，按下急停按钮，小车在任何状态都能停下来。

（2）增加急停按钮后，试增加左行和右行点动控制按钮，使小车在停止状态时，按下点动按钮，可以在系统不启动的情况下，随时左行或右行的点动。

（3）本实验若需要增加左右保护限位开关，怎么实现？

九、实验总结

实验四 基于 PLC 与变频器的三相异步电动机多段速控制实验

任务一 基于 PLC 与变频器的三相异步电动机多段速控制实验预习思考

班级：__________ 姓名：__________ 学号：__________ 日期：__________

（1）如何应用设置变频器使其实现无级调速，多段速调速属于无级调速还是有级调速？

（2）变频器多段速调速选择端口有几个，通过随机组合一共可以组成多少种速度？

（3）变频器一定要设置加速时间和减速时间，加速时间和减速时间是怎么定义的？加速时间是不是越短越好，为什么？

（4）变频器控制电动机正反转还需要两个交流接触器交换相序实现吗？变频器如何实现正反转？

（5）不同型号的 PLC 和变频器之间的线路连接方式一样吗？设计电路之前，需要了解哪些必要的知识？

（6）PLC 的继电器输出和晶体管输出有什么不一样？本实验选用了继电器输出，能否用晶体管输出型的 PLC 实现，为什么？

（7）采用顺序控制图编程和梯形图编程相比，有什么特点？

（8）采用顺序控制编程方式时，相邻两个状态间能否用同一个定时器？用于顺序控制图的初始状态继电器的地址编号范围是多少？

任务二　基于 PLC 与变频器的三相异步电动机多段速控制实验报告

班级：__________　　姓名：__________　　学号：__________　　日期：__________

一、实验设备（实际使用实际具体设备，标明型号）

二、实验目的

三、输出频率接线图

画出利用变频器与按钮开关实现指导书图 4 - 4 - 1 所示输出频率的接线图。

四、变频器参数设置表

根据指导书图 4 - 4 - 1 输出多段速的要求，列出变频器参数设置表。

五、基于 PLC 与变频器的三相异步电动机多段速控制实验电路图（段速要求见指导书图 4 - 4 - 1）

六、电动机多段速控制的 PLC 梯形图程序（或 SFC 顺序控制程序）

七、实验中出现的问题与解决方案

八、分析与思考

（1）按照工作原理分类，变频器有哪些控制方式？本次实验使用的变频器属于哪一种控制方式？

（2）PLC 有哪些输出方式，本次实验使用的 PLC 的输出方式是哪一种？

（3）变频器的选型可以根据哪些条件来选择？

（4）变频器的启动方式有哪几种，本次实验过程中使用了哪些启动方式？

（5）本实验参考程序中，任何时间按下停止按钮，下次会从起始速度开始运行，请问，还是循环两次吗？为什么？

（6）怎么实现在本系统中添加点动控制功能？程序和接线图怎么改？

九、实验总结

活 页 教 材

实验五　基于 PLC 的步进电动机调速控制实验

任务一　基于 PLC 的步进电动机调速控制实验预习思考

班级：__________　姓名：__________　学号：__________　日期：__________

（1）步进电动机的转速跟哪些量有关，一般如何实现调速？

（2）步进电动机控制的步距角决定了步进电动机的精度，步距角的定义是什么？

（3）步进电动机可以正反转吗？实现正反转的原理是什么，如何实现步进电动机正反转的控制呢？以两相步进电动机为例说明。

（4）使用 PLC 直接驱动控制步进电动机时，有什么前提条件，主要考虑哪些参数？

（5）使用 PLC 直接驱动控制步进电动机时，如何实现步进电动机转速和位移的控制？

（6）在实际应用中，一般在步进电动机的前端加一个步进驱动器来实现对步进电动机进行驱动和控制，其目的是什么？

（7）使用PLC直接驱动控制步进电动机时，输出方式选用的是继电器输出时会有什么限制？在高频脉冲输出的情况下，最好选择哪一种输出方式的PLC？

（8）预习PLC使用定时器生成不同频率脉冲生成程序，预习PLC脉冲输出指令。

任务二 基于 PLC 的步进电动机调速控制实验报告

班级：__________ 姓名：__________ 学号：__________ 日期：__________

一、实验设备（实际使用实际具体设备，标明型号）

二、实验目的

三、PLC 直接驱动步进电动机的实际接线图

四、PLC 的 I/O 端口分配表

五、PLC 直接驱动步进电动机的梯形图程序（并说明程序控制过程）

六、PLC 控制带驱动器的步进电动机的实验接线图（附实物连接打印图）

七、PLC 控制带驱动器的步进电动机的正反转实验梯形图程序（并说明程序控制过程）

八、分析与思考

（1）步进电动机转动时，其运行速度由哪些参数确定？步进电动机型号选定后，如何改变其运行速度？如何实现位置控制？

（2）PLC直接驱动步进电动机的控制方式中，正转相序是怎样的？若步进电动机只能正转不能反转时，如何从软硬件方面检查？

（3）指导书图4-5-3所示PLC直接控制步进电动机梯形图程序中，X2为OFF时，每按一下X4，步进电动机的转速如何改变？

（4）指导书图4-5-3所示PLC直接控制步进电动机梯形图程序中，X0、X2为ON时，每按一下X3，观察步进电动机的动作，此时加快步进电动机的速度靠什么实现？

（5）结合指导书图4-5-4、图4-5-5所示步进电动机控制带驱动器的步进电动机实验接线图及梯形图程序思考，PLC需要增加哪些输入端口？

（6）对于指导书图 4-5-5 所示步进电动机控制程序，若要改变步进电动机的转速，怎么实现？

（7）使用驱动器驱动步进电动机时，若只能正转不能反转，一般是什么原因？怎么检查？

九、实验总结